Shashidhara N. M.

“A natureza da ciência e da física”

Shashidhara N. M.

“A natureza da ciência e da física”

ScienciaScripts

Cover image: www.ingimage.com

This book is a translation from the original published under ISBN 978-620-8-41856-4.

Publisher:
Sciencia Scripts
is a trademark of
Dodo Books Indian Ocean Ltd. and OmniScriptum S.R.L publishing group

120 High Road, East Finchley, London, N2 9ED, United Kingdom
Str. Armeneasca 28/1, office 1, Chisinau MD-2012, Republic of Moldova, Europe
Managing Directors: Ieva Konstantinova, Victoria Ursu
info@omniscriptum.com

Printed at: see last page
ISBN: 978-620-8-57510-6

"A NATUREZA DA CIÊNCIA E DA FÍSICA"

Por

Sr. Shashidhara N M M.Sc., M.Phil,
Professor
Assistente
Departamento
de Física
de Ciências de Sahyadri
Shivamogga-577203, Karnataka,
ÍNDIA

Índice

INTRODUÇÃO

Qual é a sua primeira reação quando ouve a palavra "física"? Imagina-se a trabalhar com equações difíceis ou a memorizar fórmulas que parecem não ter qualquer utilidade real na vida fora da sala de aula de física? Muitas pessoas chegam à disciplina de física com um pouco de medo. No entanto, à medida que começa a explorar esta matéria abrangente, poderá rapidamente aperceber-se de que a física desempenha um papel muito mais importante na sua vida do que pensava, independentemente dos seus objectivos de vida ou escolha de carreira. Por exemplo, dê uma olhadela à imagem acima. Esta imagem é da Galáxia de Andrómeda, que contém milhares de milhões de estrelas individuais, enormes nuvens de gás e poeira. Duas galáxias mais pequenas são também visíveis como pontos azuis brilhantes no fundo. A uma distância impressionante de 2,5 milhões de anos-luz da Terra, esta galáxia é a mais próxima da nossa própria galáxia (que se chama Via Láctea). As estrelas e os planetas que compõem Andrómeda podem parecer a coisa mais distante da vida quotidiana da maioria das pessoas. Mas Andrómeda é um ótimo ponto de partida para pensar nas forças que mantêm o Universo unido. As forças que fazem com que Andrómeda actue como actua são as mesmas forças com que nos debatemos aqui na Terra, quer estejamos a planear enviar um foguetão para o espaço ou simplesmente a levantar as paredes de uma nova casa. A mesma gravidade que faz com que as estrelas de Andrómeda rodem e girem também faz com que a água flua sobre as barragens hidroeléctricas aqui na Terra. Esta noite, dediquem um momento a olhar para as estrelas. As forças que existem lá fora são as mesmas que existem aqui na Terra. Através do estudo da física, poderás compreender melhor a interconexão de tudo o que podemos ver e conhecer neste universo.

Pense agora em todos os dispositivos tecnológicos que utiliza regularmente. Podem vir à mente computadores, telemóveis inteligentes, sistemas GPS, leitores de MP3 e rádio por satélite. Em seguida, pense nas tecnologias modernas mais interessantes de que ouviu falar nas notícias, tais como comboios que levitam sobre os carris, "mantos de invisibilidade" que dobram a luz à sua volta e robôs microscópicos que combatem as células cancerígenas no nosso corpo. Todos estes avanços inovadores, banais ou inacreditáveis, assentam nos princípios da física. Para além de desempenharem um papel importante na tecnologia, profissionais como engenheiros, pilotos, médicos, fisioterapeutas, electricistas e programadores informáticos aplicam conceitos de física no seu trabalho diário. Por exemplo, um piloto tem de compreender como as forças do vento afectam a trajetória de um voo e um fisioterapeuta tem de compreender como os músculos do corpo experimentam forças à medida que se movem e se dobram. Como aprenderá neste texto, os princípios da física estão a impulsionar novas e excitantes tecnologias, e estes princípios são aplicados numa vasta gama de carreiras.

Neste texto, começarás a explorar a história do estudo formal da física, começando com a filosofia natural e os gregos antigos, e conduzindo a uma revisão de Sir Isaac Newton e das leis da física que levam o seu nome. Será também apresentado aos padrões que os cientistas usam quando estudam quantidades físicas e ao sistema inter-relacionado de medidas que a maioria da comunidade científica usa para comunicar numa única linguagem matemática. Por fim, estudará os limites da nossa capacidade de sermos exactos e precisos e as razões pelas quais os cientistas se esforçam por ser tão claros quanto possível em relação às suas próprias limitações.

1.1 Física: Uma introdução

O universo físico é extremamente complexo nos seus pormenores. Todos os dias, cada um de nós observa uma grande variedade de objectos e fenómenos. Ao longo dos séculos, a curiosidade da raça humana levou-nos a explorar e catalogar coletivamente uma enorme riqueza de informação. Do voo dos pássaros às cores das flores, dos relâmpagos à gravidade, dos quarks aos aglomerados de galáxias, do fluir do tempo ao mistério da criação do universo, temos feito perguntas e reunido enormes conjuntos de factos. Perante todos estes pormenores, descobrimos que um conjunto surpreendentemente pequeno e unificado de leis físicas pode explicar o que observamos. Como seres humanos, fazemos generalizações e procuramos a ordem. Descobrimos que a natureza é notavelmente cooperativa - exibe a ordem e a simplicidade subjacentes que tanto valorizamos.

É a ordem subjacente da natureza que torna a ciência em geral, e a física em particular, tão agradável de estudar. Por exemplo, o que é que um saco de batatas fritas e uma bateria de automóvel têm em comum? Ambos contêm energia que pode ser convertida noutras formas. A lei da conservação da energia (que diz que a energia pode mudar de forma mas nunca se perde) liga temas como as calorias dos alimentos, as pilhas, o calor, a luz e as molas dos relógios. Compreender esta lei torna mais fácil aprender sobre as várias formas que a energia assume e como se relacionam umas com as outras. Tópicos aparentemente não relacionados são ligados através de leis físicas amplamente aplicáveis, permitindo uma compreensão que vai para além da mera memorização de listas de factos.

O aspeto unificador das leis físicas e a simplicidade básica da natureza constituem os temas subjacentes a este texto. Ao aprender a aplicar estas leis, irá, naturalmente, estudar os tópicos mais importantes da física. Mais importante ainda, ganhará capacidades analíticas que lhe permitirão aplicar estas leis muito para além do que pode ser incluído num único livro. Estas capacidades analíticas ajudá-lo-ão a destacar-se academicamente e também a pensar de forma crítica em qualquer carreira profissional que escolha seguir. Este módulo discute o domínio da física (para definir o que é a física), algumas aplicações da física (para ilustrar a sua relevância para outras disciplinas) e, mais precisamente, o que constitui uma lei física (para iluminar a importância da experimentação para a teoria).

A ciência e o domínio da física

A ciência consiste nas teorias e leis que são as verdades gerais da natureza, bem como no corpo de conhecimentos que elas abrangem. Os cientistas estão continuamente a tentar expandir este corpo de conhecimentos e a aperfeiçoar a expressão das leis que o descrevem. A Física preocupa-se em descrever as interações da energia, da matéria, do espaço e do tempo e está especialmente interessada nos mecanismos fundamentais subjacentes a cada fenómeno. A preocupação de descrever os fenómenos básicos da natureza define essencialmente o domínio da física.

O objetivo da física é descrever o funcionamento de tudo o que nos rodeia, desde o movimento de pequenas partículas carregadas até ao movimento de pessoas, carros e naves espaciais. De facto, quase tudo à nossa volta pode ser descrito com bastante precisão pelas leis da física. Considere um telemóvel inteligente. A física descreve a forma como a eletricidade interage com os vários circuitos no interior do dispositivo. Este conhecimento ajuda os engenheiros a selecionar os materiais adequados e a disposição dos circuitos quando constroem o telemóvel inteligente. De seguida, considere um sistema GPS. A física descreve a relação entre a velocidade de um objeto, a distância que percorre e o tempo que demora a percorrer essa distância. Quando se utiliza um dispositivo GPS num veículo, este utiliza estas equações físicas para determinar o tempo de viagem de um local para outro.

Aplicações da Física

Não é necessário ser um cientista para utilizar a física. Pelo contrário, o conhecimento da física é útil em situações do quotidiano, bem como em profissões não científicas. Pode ajudá-lo a compreender como funcionam os fornos de micro-ondas, porque é que os metais não devem ser colocados neles e porque é que podem afetar os pacemakers. A Física permite-lhe compreender os perigos da radiação e avaliar racionalmente esses perigos com mais facilidade. A física também explica a razão pela qual um radiador preto de um carro ajuda a remover o calor do motor de um carro e explica porque é que um telhado branco ajuda a manter o interior de uma casa fresco. Do mesmo modo, o funcionamento do sistema de ignição de um automóvel, bem como a transmissão de sinais eléctricos através do sistema nervoso do nosso corpo, são muito mais fáceis de compreender quando pensamos neles em termos de física básica.

A física é a base de muitas disciplinas importantes e contribui diretamente para outras. A química, por exemplo - uma vez que lida com as interações de átomos e moléculas - tem as suas raízes na física atómica e molecular. A maior parte dos ramos da engenharia são físicos aplicados. Na arquitetura, a física está no centro da estabilidade estrutural e está envolvida na acústica, aquecimento, iluminação e arrefecimento dos edifícios. Partes da geologia dependem fortemente da física, como a datação radioactiva de rochas, a análise de sismos e a transferência de calor na Terra. Algumas disciplinas, como a biofísica e a geofísica, são híbridos de física e de outras disciplinas.

A física tem muitas aplicações nas ciências biológicas. Ao nível microscópico, ajuda a descrever as propriedades das paredes e membranas celulares. A nível macroscópico, pode explicar o calor, o trabalho e a potência associados ao corpo humano. A física está envolvida em diagnósticos médicos, como os raios X, a ressonância magnética (MRI) e as medições ultra-sónicas do fluxo sanguíneo. Por vezes, a terapia médica envolve diretamente a física; por exemplo, a radioterapia do cancro utiliza radiações ionizantes. A física também pode explicar fenómenos sensoriais, tais como a forma como os instrumentos musicais produzem o som, como o olho detecta a cor e como os lasers podem transmitir informação.

Não é necessário estudar formalmente todas as aplicações da física. O que é mais útil é o conhecimento das leis básicas da física e a competência nos métodos analíticos para as aplicar. O estudo da física também pode melhorar a capacidade de resolução de problemas. Além disso, a física manteve os aspectos mais básicos da ciência, pelo que é utilizada por todas as ciências, e o estudo da física facilita a compreensão das outras ciências.

As membranas formam os limites das células animais e são complexas em termos de estrutura e função. Muitas das propriedades mais fundamentais da vida, como o disparo das células nervosas, estão relacionadas com as membranas. As disciplinas de biologia, química e física ajudam-nos a compreender as membranas das células animais. (crédito: Mariana Ruiz)

Modelos, teorias e leis; o papel da experimentação

As leis da natureza são descrições concisas do universo que nos rodeia; são declarações humanas das leis ou regras subjacentes que todos os processos naturais seguem. Essas leis são intrínsecas ao universo; os seres humanos não as criaram e, por isso, não as podem alterar. Só podemos descobri-las e compreendê-las. A sua descoberta é um esforço muito humano, com todos os elementos de mistério, imaginação, luta, triunfo e desilusão inerentes a qualquer esforço criativo. (Ver Figura 2 e Figura 3) A pedra angular da descoberta das leis naturais é a observação; a ciência deve descrever o universo tal como ele é, e não como nós o imaginamos.

Isaac Newton (1642-1727) estava muito relutante em publicar o seu trabalho revolucionário e teve de ser convencido a fazê-lo. Nos seus últimos anos, abandonou o seu cargo académico e tornou-se tesoureiro da Casa da Moeda Real. Levou este cargo a sério, inventando a "reedição" (ou criação de sulcos) no bordo das moedas para evitar que pessoas sem escrúpulos cortassem a prata das mesmas antes de as utilizarem como moeda. (crédito: Arthur Shuster e Arthur E. Shipley: Britain's Heritage of Science. Londres, 1917).

Marie Curie (1867-1934) sacrificou bens monetários para ajudar a financiar as suas primeiras investigações e prejudicou o seu bem-estar físico com a exposição a radiações. É a única pessoa a ganhar prémios Nobel em física e química. Uma das suas filhas também ganhou um Prémio Nobel. (crédito: Wikimedia Commons)

Todos nós somos curiosos até certo ponto. Olhamos à nossa volta, fazemos generalizações e tentamos compreender o que vemos - por exemplo, olhamos para cima e perguntamo-nos se um tipo de nuvem assinala uma tempestade que se aproxima. À medida que levamos a sério a exploração da natureza, tornamo-nos mais organizados e formais na recolha e análise de dados. Tentamos uma maior precisão, realizamos experiências controladas (se pudermos) e escrevemos ideias sobre como os dados podem ser organizados e unificados. Em seguida, formulamos modelos, teorias e leis com base nos dados que recolhemos e analisámos para generalizar e comunicar os resultados dessas experiências.

Um modelo é uma representação de algo que é frequentemente demasiado difícil (ou impossível) de mostrar diretamente. Embora um modelo seja justificado com provas experimentais, só é exato em situações limitadas. Um exemplo é o modelo planetário do átomo, no qual os electrões são representados como orbitando o núcleo, de forma análoga à forma como os planetas orbitam o Sol. Não podemos observar diretamente as órbitas dos electrões, mas a imagem mental ajuda a explicar as observações que podemos fazer, como a emissão de luz de gases quentes (espectros atómicos). Os físicos utilizam modelos para uma variedade de objectivos. Por exemplo, os modelos podem ajudar os físicos a analisar um cenário e a efetuar um cálculo, ou podem ser utilizados para representar uma situação sob a forma de uma simulação em computador. Uma teoria é uma explicação para padrões na natureza que é apoiada por provas científicas e verificada várias vezes por vários grupos de investigadores. Algumas teorias incluem modelos para ajudar a visualizar os fenómenos, enquanto outras não. A teoria da gravidade de Newton, por exemplo, não requer um modelo ou imagem mental, porque podemos observar os objectos diretamente com os nossos próprios sentidos. A teoria cinética dos gases, por outro lado, é um modelo em que um gás é visto como sendo composto por átomos e moléculas. Os átomos e as moléculas são demasiado pequenos para serem observados diretamente com os nossos sentidos - por isso, imaginamo-los mentalmente para compreender o que os nossos instrumentos nos dizem sobre o comportamento dos gases.

Uma lei utiliza uma linguagem concisa para descrever um padrão generalizado na natureza que é apoiado por provas científicas e experiências repetidas. Muitas vezes, uma lei pode ser expressa sob a forma de uma única equação matemática. As leis e as teorias são semelhantes no sentido em que ambas são afirmações científicas que resultam de uma hipótese testada e são apoiadas por provas científicas. No entanto, a designação lei é reservada a uma afirmação concisa e muito geral que descreve fenómenos da natureza, como a lei da conservação da energia durante qualquer processo ou a segunda lei do movimento de Newton, que relaciona força, massa e aceleração através da simples equação $F = ma$. Uma teoria, pelo contrário, é uma declaração menos concisa dos fenómenos observados. Por exemplo, a Teoria da Evolução e a Teoria da Relatividade não podem ser expressas de forma suficientemente concisa para serem consideradas uma lei. A maior diferença entre uma lei e uma teoria é que uma teoria é muito mais complexa e dinâmica. Uma lei descreve uma única ação, enquanto uma teoria explica todo um grupo de fenómenos relacionados. E, enquanto uma lei é um postulado que constitui a base do método científico, uma teoria é o resultado final desse processo.

As afirmações de aplicação menos alargada são normalmente designadas por princípios (como o princípio de Pascal, que é aplicável apenas aos fluidos), mas a distinção entre leis e princípios não é frequentemente feita com cuidado.

O que é um modelo? Este modelo planetário do átomo mostra os electrões a orbitar o núcleo. É um desenho que usamos para formar uma imagem mental do átomo que não podemos ver diretamente com os nossos olhos porque é demasiado pequeno.

Modelos, teorias e leis

Os modelos, teorias e leis são utilizados para ajudar os cientistas a analisar os dados que já recolheram. No entanto, muitas vezes, depois de um modelo, teoria ou lei ter sido desenvolvido, aponta os cientistas para novas descobertas que, de outra forma, não teriam feito.

Os modelos, teorias e leis que concebemos implicam, por vezes, a existência de objectos ou fenómenos ainda não observados. Estas previsões são triunfos notáveis e tributos ao poder da ciência. É a ordem subjacente no universo que permite aos cientistas fazer previsões tão espectaculares. No entanto, se a experiência não verificar as nossas previsões, então a teoria ou lei está errada, por mais elegante ou conveniente que seja. As leis nunca podem ser conhecidas com certeza absoluta porque é impossível efetuar todas as experiências imagináveis para confirmar uma lei em todos os cenários possíveis. Os físicos partem do princípio de que todas as leis e teorias científicas são válidas até ser observado um contra-exemplo. Se uma experiência verificável e de boa qualidade contradiz uma lei bem estabelecida, então a lei deve ser modificada ou completamente derrubada.

O estudo da ciência em geral e da física em particular é uma aventura muito semelhante à exploração de um oceano desconhecido. São feitas descobertas; são formulados modelos, teorias e leis; e a beleza do universo físico torna-se mais sublime com os conhecimentos adquiridos.

O método científico

Quando os cientistas investigam e recolhem informações sobre o mundo, seguem um processo designado por método científico. Este processo começa normalmente com uma observação e uma pergunta que o cientista vai investigar. De seguida, o cientista efectua alguma investigação sobre o tema e elabora uma hipótese. Depois, o cientista testa a hipótese realizando uma experiência. Finalmente, o cientista analisa os resultados da experiência e tira uma conclusão. Note-se que o método científico pode ser aplicado a muitas situações que não se limitam à ciência, e este método pode ser modificado para se adequar à situação.

Veja um exemplo. Digamos que tenta ligar o seu carro, mas ele não pega. Sem dúvida que se interroga: Porque é que o carro não pega? Pode seguir um método científico para responder a esta pergunta. Em primeiro lugar, pode efetuar alguma pesquisa para determinar uma variedade de razões pelas quais o carro não pega. De seguida, deve formular uma hipótese. Por exemplo, pode pensar que o carro não pega porque não tem óleo no motor. Para testar esta hipótese, abre o capot do carro e examina o nível do óleo. Observa que o óleo está num nível aceitável e conclui que o nível de óleo não está a contribuir para o problema do carro. Para continuar a resolver o problema, pode conceber uma nova hipótese para testar e, em seguida, repetir o processo novamente.

A evolução da filosofia natural para a física moderna

A física nem sempre foi uma disciplina separada e distinta. Continua ligada a outras ciências até aos dias de hoje. A palavra física vem do grego, que significa natureza. O estudo da natureza passou a ser designado por "filosofia natural". Desde a Antiguidade até ao Renascimento, a filosofia natural abrangeu muitos domínios, incluindo a astronomia, a biologia, a química, a física, a matemática e a medicina. Ao longo dos últimos séculos, o crescimento do conhecimento resultou numa especialização cada vez maior e na ramificação da filosofia natural em campos separados, com a física a reter as facetas mais básicas (ver Figura 5, Figura 6 e Figura 7). A física, tal como se desenvolveu desde o

Renascimento até ao final do século XIX, é designada por física clássica. Foi transformada em física moderna pelas descobertas revolucionárias efectuadas a partir do início do século XX.

Ao longo dos séculos, a filosofia natural evoluiu para disciplinas mais especializadas, como ilustram as contribuições de algumas das maiores mentes da história. O filósofo grego Aristóteles (384-322 a.C.) escreveu sobre uma vasta gama de temas, incluindo a física, os animais, a alma, a política e a poesia. (crédito: Jastrow (2006)/Coleção Ludovisi)

Galileu Galilei (1564-1642) lançou as bases da experimentação moderna e contribuiu para a matemática, a física e a astronomia. (crédito: Domenico Tintoretto)

Niels Bohr (1885-1962) deu contributos fundamentais para o desenvolvimento da mecânica quântica, uma parte da física moderna. (crédito: Divisão de Impressões e Fotografias da Biblioteca do Congresso dos Estados Unidos)

A física clássica não é uma descrição exacta do universo, mas é uma excelente aproximação sob as seguintes condições: A matéria deve mover-se a velocidades inferiores a cerca de 1% da velocidade da luz, os objectos tratados devem ser suficientemente grandes para serem vistos com um microscópio e só podem estar envolvidos campos gravitacionais fracos, como o campo gerado pela Terra. Porque os seres humanos vivem nestas circunstâncias, a física clássica parece intuitivamente razoável, enquanto muitos aspectos da física moderna parecem bizarros. É por esta razão que os modelos são tão úteis na física moderna - permitem-nos concetualizar fenómenos que normalmente não experimentamos. Podemos relacionar-nos com os modelos em termos humanos e visualizar o que acontece quando os objectos se movem a alta velocidade ou imaginar como seriam objectos demasiado pequenos para serem observados pelos nossos sentidos. Por exemplo, podemos compreender as propriedades de um átomo porque o conseguimos imaginar na nossa mente, embora nunca tenhamos visto um átomo com os nossos olhos. É claro que os novos instrumentos permitem-nos visualizar melhor os fenómenos que não podemos ver. De facto, nos últimos anos, novos instrumentos permitiram-nos "imaginar" o átomo.

Limites das leis da física clássica

Para que as leis da física clássica se apliquem, devem ser cumpridos os seguintes critérios: A matéria deve estar a mover-se a velocidades inferiores a cerca de 1% da velocidade da luz, os objectos tratados devem ser suficientemente grandes para serem vistos com um microscópio e apenas podem estar envolvidos campos gravitacionais fracos (como o campo gerado pela Terra).

Utilizando um microscópio de túnel de varrimento (STM), os cientistas podem ver os átomos individuais que compõem esta folha de ouro. (crédito: Erwinrossen)

Alguns dos avanços mais espectaculares da ciência foram feitos na física moderna. Muitas das leis da física clássica foram modificadas ou rejeitadas, o que resultou em mudanças revolucionárias na tecnologia, na sociedade e na nossa visão do universo. Tal como a ficção científica, a física moderna está repleta de objectos fascinantes que ultrapassam as nossas experiências normais, mas tem a vantagem, em relação à ficção científica, de ser muito real. Por que razão, então, a maior parte deste texto é dedicada a tópicos de física clássica? Há duas razões principais: A física clássica dá uma descrição extremamente precisa do universo numa vasta gama de circunstâncias do quotidiano e o conhecimento da física clássica é necessário para compreender a física moderna.

A física moderna é constituída por duas teorias revolucionárias, a relatividade e a mecânica quântica. Estas teorias lidam com o muito rápido e o muito pequeno, respetivamente. A relatividade deve ser utilizada sempre que um objeto viaja a uma velocidade superior a cerca de 1% da velocidade da luz ou experimenta um campo gravitacional forte, como o que existe perto do Sol. A mecânica quântica deve ser utilizada para objectos mais pequenos do que os que podem ser vistos com um microscópio. A combinação destas duas teorias é a mecânica quântica relativista, que descreve o comportamento de pequenos objectos que viajam a altas velocidades ou que experimentam um forte campo gravitacional. A mecânica quântica relativista é a melhor teoria universalmente aplicável que temos. Devido à sua complexidade matemática, é utilizada apenas quando necessário, e as outras teorias são utilizadas sempre que produzam resultados suficientemente exactos. Veremos, no entanto, que podemos fazer uma grande parte da física moderna com a álgebra e a trigonometria utilizadas neste texto.

Verificar a sua compreensão

Um amigo diz-lhe que descobriu uma nova lei da natureza. O que é que podes saber sobre a informação mesmo antes de o teu amigo descrever a lei?

Como é que a informação seria diferente se o teu amigo te dissesse que tinha aprendido sobre uma teoria científica em vez de uma lei?

Solução

Sem conhecer os pormenores da lei, pode ainda assim inferir que a informação que o seu amigo aprendeu está em conformidade com os requisitos de todas as leis da natureza: será uma descrição concisa do universo que nos rodeia; uma declaração das regras subjacentes que todos os processos naturais seguem. Se a informação tivesse sido uma teoria, seria possível inferir que a informação será uma generalização em grande escala e amplamente aplicável.

Explorações PhET: Grafo de equações

Aprender sobre a representação gráfica de polinómios. A forma da curva muda à medida que as constantes são ajustadas. Visualize as curvas dos termos individuais (por exemplo, y = bx) para ver como se adicionam para gerar a curva polinomial.

1.2 Grandezas físicas e unidades

A distância da Terra à Lua pode parecer imensa, mas é apenas uma pequena fração das distâncias da Terra a outros corpos celestes. (crédito: NASA)

A gama de objectos e fenómenos estudados em física é imensa. Desde o tempo de vida incrivelmente curto de um núcleo até à idade da Terra, desde os tamanhos minúsculos das partículas sub-nucleares até à vasta distância até aos limites do universo conhecido, desde a força exercida por uma pulga que salta até à força entre a Terra e o Sol, existem factores de 10 suficientes para desafiar a imaginação até do cientista mais experiente. A atribuição de valores numéricos a grandezas físicas e de equações a princípios físicos permite-nos compreender a natureza de uma forma muito mais profunda do que a simples descrição qualitativa. Para compreender estes vastos intervalos, temos também de ter unidades aceites para os exprimir. E descobriremos que (mesmo na discussão potencialmente mundana de metros, quilogramas e segundos) aparece uma profunda simplicidade da natureza - todas as quantidades físicas podem ser expressas como combinações de apenas quatro quantidades físicas fundamentais: comprimento, massa, tempo e corrente eléctrica.

Definimos uma quantidade física especificando como é medida ou como é calculada a partir de outras medições. Por exemplo, definimos distância e tempo especificando os métodos para os medir, enquanto definimos velocidade média afirmando que é calculada como a distância percorrida dividida pelo tempo de viagem.

As medidas de grandezas físicas são expressas em termos de unidades, que são valores padronizados. Por exemplo, a duração de uma corrida, que é uma grandeza física, pode ser expressa em unidades de metros (para velocistas) ou quilómetros (para corredores de longa distância). Sem unidades estandardizadas, seria extremamente difícil para os cientistas exprimir e comparar valores medidos de uma forma significativa. (Ver Figura 10.)

Existem dois grandes sistemas de unidades utilizados no mundo: As unidades SI (também conhecidas como sistema métrico) e as unidades inglesas (também conhecidas como sistema consuetudinário ou imperial). As unidades inglesas foram historicamente utilizadas em nações outrora governadas pelo Império Britânico e ainda são amplamente utilizadas nos Estados Unidos. Praticamente todos os outros países do mundo utilizam atualmente as unidades SI como padrão; o sistema métrico é também o sistema padrão aceite pelos cientistas e matemáticos. O acrónimo "SI" deriva do francês Système International.

Unidades SI: Unidades fundamentais e derivadas

É um facto intrigante que algumas grandezas físicas sejam mais fundamentais do que outras e que as grandezas físicas mais fundamentais possam ser definidas apenas em termos do procedimento utilizado para as medir. As unidades em que são medidas são assim designadas por unidades fundamentais. Neste manual, as grandezas físicas fundamentais são o comprimento, a massa, o tempo e a corrente eléctrica. (Note-se que a corrente eléctrica só será introduzida muito mais tarde neste texto). Todas as outras grandezas físicas, como a força e a carga eléctrica, podem ser expressas como combinações algébricas de comprimento, massa, tempo e corrente (por exemplo, a velocidade é o comprimento dividido pelo tempo); estas unidades são chamadas unidades derivadas.

A unidade SI para o tempo, o segundo (abreviado s), tem uma

longa história. Durante muitos anos, foi definido como 1/86,400 de um dia solar médio. Mais recentemente, foi adoptada uma nova norma para obter maior precisão e para definir o segundo em termos de um fenómeno físico não variável ou constante (porque o dia solar está a tornar-se mais longo devido ao abrandamento muito gradual da rotação da Terra). É possível fazer vibrar os átomos de césio de uma forma muito constante, e estas vibrações podem ser facilmente observadas e contadas. Em 1967, o segundo foi redefinido como o tempo necessário para 9.192.631.770 destas vibrações. (Ver Figura 11.) A exatidão das unidades fundamentais é essencial, porque todas as medições são, em última análise, expressas em termos de unidades fundamentais e não podem ser mais exactas do que as próprias unidades fundamentais.

Um relógio atómico como este utiliza as vibrações dos átomos de césio para manter o tempo com uma precisão superior a um microssegundo por ano. A unidade fundamental do tempo, o segundo, baseia-se nestes relógios. Esta imagem é vista do topo de uma fonte atómica com quase 30 pés de altura! (crédito: Steve Jurvetson/Flickr)

O contador

A unidade SI para comprimento é o metro (abreviado m); a sua definição também mudou ao longo do tempo para se tornar mais exacta e precisa. O metro foi definido pela primeira vez em 1791 como 1/10.000.000 da distância do equador ao Pólo Norte. Esta medição foi melhorada em 1889, redefinindo o metro como sendo a distância entre duas linhas gravadas numa barra de platina-irídio, atualmente mantida perto de Paris. Em 1960, tornou-se possível definir o metro de forma ainda mais precisa em termos do comprimento de onda da luz, pelo que foi novamente redefinido como 1.650.763,73 comprimentos de onda da luz laranja emitida pelos átomos de crípton. Em 1983, o metro recebeu a sua definição atual (em parte para maior precisão) como a distância que a luz percorre no vácuo em 1/299.792.458 de segundo. (Ver Figura 12.) Esta alteração define a velocidade da luz como sendo exatamente 299.792.458 metros por segundo. O comprimento do metro alterar-se-á se a velocidade da luz for algum dia medida com maior precisão.

O Quilograma

A unidade SI para a massa é o quilograma (abreviado kg); é definida como sendo a massa de um cilindro de platina-irídio mantido com o antigo metro padrão no Gabinete Internacional de Pesos e Medidas, perto de Paris. São também mantidas réplicas exactas do quilograma padrão no Instituto Nacional de Normalização e Tecnologia dos Estados Unidos, ou NIST, localizado em Gaithersburg, Maryland, nos arredores de Washington D.C., e noutros locais em todo o mundo. A determinação de todas as outras massas pode, em última análise, ser feita através de uma comparação com a massa padrão.

O metro é definido como sendo a distância que a luz percorre em 1/299.792.458 de segundo no vácuo. A distância percorrida é a velocidade multiplicada pelo tempo.

A corrente eléctrica e a unidade que a acompanha, o ampere, serão introduzidas em Introdução à Corrente Eléctrica, Resistência e Lei de Ohm quando a eletricidade e o magnetismo forem abordados. Os módulos iniciais deste manual tratam da mecânica, dos fluidos, do calor e das ondas. Nestes temas, todas as grandezas físicas pertinentes podem ser expressas em termos das unidades fundamentais de comprimento, massa e tempo.

Prefixos métricos

As unidades SI fazem parte do sistema métrico. O sistema

métrico é conveniente para cálculos científicos e de engenharia porque as unidades são categorizadas por factores de 10 prefixos métricos e símbolos utilizados para denotar vários factores de 10.

Os sistemas métricos têm a vantagem de as conversões de unidades envolverem apenas potências de 10. Há 100 centímetros num metro, 1000 metros num quilómetro, e assim por diante. Nos sistemas não métricos, como o sistema de unidades habituais dos EUA, as relações não são tão simples - há 12 polegadas num pé, 5280 pés numa milha, etc. Outra vantagem do sistema métrico é que a mesma unidade pode ser utilizada em gamas de valores extremamente grandes, bastando para isso utilizar um prefixo métrico adequado. Por exemplo, as distâncias em metros são adequadas para a construção, enquanto as distâncias em quilómetros são apropriadas para as viagens aéreas e a medida minúscula dos nanómetros é conveniente para a conceção ótica. Com o sistema métrico, não há necessidade de inventar novas unidades para aplicações específicas.

O termo ordem de grandeza refere-se à escala de um valor expresso no sistema métrico. Cada potência de 10 no sistema métrico representa uma ordem de grandeza diferente. Por exemplo, 101 , 102 , 103 , etc. são todas ordens de grandeza diferentes. Diz-se que todas as quantidades que podem ser expressas como um produto de uma potência específica de 10 têm a mesma ordem de grandeza. Por exemplo, o número 800 pode ser escrito como 8×102 , e o número 450 pode ser escrito como 4,5×102. Assim, os números 800 e 450 têm a mesma ordem de grandeza: 102. A ordem de grandeza pode ser considerada como uma estimativa aproximada da escala de um valor. O diâmetro de um átomo é da ordem dos 10-9 m, enquanto o diâmetro do Sol é da ordem dos 109 m.

A procura de padrões microscópicos para unidades básicas

As unidades fundamentais descritas neste capítulo são as que produzem a maior exatidão e precisão nas medições. Há um sentimento entre os físicos de que, como existe uma subestrutura microscópica subjacente à matéria, seria mais satisfatório basear os nossos padrões de medida em objectos microscópicos e em fenómenos físicos fundamentais, como a velocidade da luz. Foi conseguido um padrão microscópico para o padrão do tempo, que se baseia nas oscilações do átomo de césio.

O padrão para o comprimento foi outrora baseado no comprimento de onda da luz (um comprimento em pequena escala) emitida por um certo tipo de átomo, mas foi suplantado pela medição mais precisa da velocidade da luz. Se for possível medir a massa dos átomos ou de um determinado arranjo de átomos, como uma esfera de silício, com maior precisão do que o padrão do quilograma, pode tornar-se possível basear as medições de massa na pequena escala. Também é possível que os fenómenos eléctricos em pequena escala nos permitam um dia basear uma unidade de carga na carga dos electrões e dos protões, mas atualmente a corrente e a carga estão relacionadas com correntes e forças em grande escala entre fios.

Intervalos conhecidos de comprimento, massa e tempo

A vastidão do universo e a amplitude da aplicação da física são ilustradas pela grande variedade de exemplos de comprimentos, massas e tempos conhecidos na Tabela 1.3. A análise desta tabela dar-lhe-á uma ideia do leque de tópicos e valores numéricos possíveis.

Um minúsculo fitoplâncton nada entre cristais de gelo no Mar Antártico. O seu comprimento varia entre alguns micrómetros e 2 milímetros. (crédito: Prof. Gordon T. Taylor, Stony Brook University; NOAA Corps Collections)

As galáxias colidem a 2,4 mil milhões de anos-luz de distância da Terra. A enorme variedade de fenómenos observáveis na natureza desafia a imaginação.

Conversão de unidades e análise dimensional

Muitas vezes é necessário converter de um tipo de unidade para outro. Por exemplo, se estiver a ler um livro de receitas europeu, algumas quantidades podem estar expressas em unidades de litros e é necessário convertê-las em chávenas. Ou talvez esteja a ler instruções para caminhar de um local para outro e esteja interessado em saber quantos quilómetros vai andar. Neste caso, terá de converter as unidades de pés para milhas.

Vejamos um exemplo simples de como converter unidades. Digamos que queremos converter 80 metros (m) em quilómetros (km).

A primeira coisa a fazer é listar as unidades que tem e as unidades para as quais quer converter. Neste caso, temos unidades em metros e queremos converter para quilómetros.

Em seguida, temos de determinar um fator de conversão que relacione metros com quilómetros. Um fator de conversão é um rácio que expressa quantas unidades de uma unidade são iguais a outra unidade. Por exemplo, há 12 polegadas em 1 pé, 100 centímetros em 1 metro, 60 segundos em 1 minuto, e assim por diante. Neste caso, sabemos que há 1.000 metros em 1 quilómetro.

Agora podemos estabelecer a nossa conversão de unidades. Vamos escrever as unidades que temos e depois multiplicá-las pelo fator de conversão para que as unidades se anulem, como se mostra:

Note que a unidade m não pretendida é anulada, deixando apenas a unidade km pretendida. Pode utilizar este método para converter entre quaisquer tipos de unidades.

Conversões de unidades: Uma curta viagem até casa

Suponha que percorre os 10,0 km entre a universidade e a sua casa em 20,0 minutos. Calcule a sua velocidade média (a) em quilómetros por hora (km/h) e em metros por segundo (m/s). (Nota: A velocidade média é a distância percorrida dividida pelo tempo de viagem).

Estratégia

Primeiro, calculamos a velocidade média utilizando as unidades dadas. Depois, podemos colocar a velocidade média nas unidades pretendidas, escolhendo o fator de conversão correto e multiplicando-o por ele. O fator de conversão correto é aquele que anula a unidade indesejada e deixa a unidade desejada no seu lugar.

Solução para a alínea a)

Calcular a velocidade média. A velocidade média é a distância percorrida dividida pelo tempo de deslocação. (Considere esta definição como um dado adquirido por agora - a velocidade média e outros conceitos de movimento serão abordados num módulo posterior). Em forma de equação,

Converter km/min em km/h: multiplicar pelo fator de conversão que anulará os minutos e deixará as horas. Esse fator de conversão é 60 min/hora. Assim, Discussão para (a) Para verificar a sua resposta, considere o seguinte:

Certifique-se de que cancelou corretamente as unidades na conversão de unidades. Se tiver escrito o fator de conversão de unidades ao contrário, as unidades não se anularão corretamente na equação. Se acidentalmente colocar o rácio ao contrário.

Verificar se as unidades da resposta final são as unidades pretendidas. O problema pedia-nos que resolvêssemos a velocidade média em unidades de km/h e, de facto, obtivemos essas unidades.

Verificar os algarismos significativos. Uma vez que cada um dos valores apresentados no problema tem três algarismos significativos, a resposta também deve ter três algarismos significativos. A resposta 30,0 km/h tem, de facto, três algarismos significativos, pelo que é adequada. Note que os algarismos significativos no fator de conversão não são relevantes porque uma hora é definida como 60 minutos, pelo que a precisão do fator de conversão é perfeita.

De seguida, verifique se a resposta é razoável. Consideremos algumas informações do problema - se percorremos 10 km num terço de hora (20 min), percorreríamos três vezes essa distância numa hora. A resposta parece razoável.

Solução para a alínea b)

Existem várias formas de converter a velocidade média em metros por segundo. Comece com a resposta à alínea (a) e converta km/h em m/s. São necessários dois factores de conversão - um para converter horas em segundos e outro para converter quilómetros em metros.

Discussão sobre a alínea b)

Se tivéssemos começado com 0,500 km/min, teríamos precisado de factores de conversão diferentes, mas a resposta seria a mesma: 8,33 m/s.

Deve ter notado que as respostas do exemplo que acabámos de ver foram dadas com três dígitos. Porquê? Quando é que é necessário preocupar-se com o número de dígitos de algo que calcula? Porque não escrever todos os dígitos que a sua calculadora produz? O módulo Exatidão, Precisão e Algarismos Significativos ajudá-lo-á a responder a estas questões.

Unidades fora do padrão

Embora existam vários tipos de unidades com que todos estamos familiarizados, há outros que são muito mais obscuros. Por exemplo, uma aboboreira é uma unidade de volume que era utilizada para medir a cerveja. Uma aboboreira equivale a cerca de 34 litros. Para saber mais sobre unidades não padronizadas, utilize um dicionário ou uma enciclopédia para pesquisar diferentes "pesos e medidas". Tome nota de quaisquer unidades invulgares, como o milho de cevada, que não estejam listadas no texto. Pense na forma como a unidade é definida e indique a sua relação com as unidades SI.

Verificar a sua compreensão

Alguns beija-flores batem as asas mais de 50 vezes por segundo. Um cientista está a medir o tempo que um beija-flor demora a bater as asas uma vez. Que unidade fundamental deve o cientista utilizar para descrever a medição? Que fator de 10 é provável que o cientista utilize para descrever o movimento com precisão? Identifique o prefixo métrico que corresponde a este fator de 10.

Solução

O cientista medirá o tempo entre cada movimento usando a unidade fundamental de segundos. Como as asas batem muito rápido, o cientista provavelmente precisará medir em milissegundos, ou 10-3 segundos. (50 batimentos por segundo correspondem a 20 milissegundos por batimento).

Verificar a sua compreensão

Um centímetro cúbico é igual a um mililitro. O que é que isto te diz sobre as diferentes unidades do sistema métrico SI?

Solução

A unidade fundamental de comprimento (metro) é provavelmente utilizada para criar a unidade derivada de volume (litro). A medida de um mililitro depende da medida de um centímetro.

1.3 Exatidão, precisão e algarismos significativos

Uma balança mecânica de dois pratos é utilizada para comparar massas diferentes. Normalmente, um objeto de massa desconhecida é colocado num prato e objectos de massa conhecida são colocados no outro prato. Quando a barra que liga os dois pratos está na horizontal, então as massas nos dois pratos são iguais. As "massas conhecidas" são normalmente cilindros metálicos de massa padrão, como 1 grama, 10 gramas e 100 gramas. (crédito: Serge Melki)

Muitas balanças mecânicas, como as balanças de dois pratos, foram substituídas por balanças digitais, que podem normalmente medir a massa de um objeto com maior precisão. Enquanto uma balança mecânica só pode ler a massa de um objeto até ao décimo de grama mais próximo, muitas balanças digitais podem medir a massa de um objeto até ao milésimo de grama mais próximo. (crédito: Karel Jakubec)

Exatidão e precisão de uma medição

A ciência baseia-se na observação e na experimentação - ou seja, em medições. A precisão é o grau de proximidade de uma medição em relação ao valor correto para essa medição. Por exemplo, digamos que está a medir o comprimento de um papel normal de computador. A embalagem em que comprou o papel indica que tem 11,0 polegadas de comprimento. Mede o comprimento do papel três vezes e obtém as seguintes medidas: 11,1 pol., 11,2 pol. e 10,9 pol. Estas medidas são bastante precisas porque estão muito próximas do valor correto de 11,0 polegadas. Em contrapartida, se tivesse obtido uma medida de 12 polegadas, a sua medida não seria muito exacta.

A precisão de um sistema de medição refere-se ao grau de concordância entre medições repetidas (que são repetidas sob as mesmas condições). Consideremos o exemplo das medições em papel. A precisão das medições refere-se à dispersão dos valores medidos. Uma forma de analisar a precisão das medições seria determinar o intervalo, ou diferença, entre o valor mais baixo e o valor mais alto medidos. Neste caso, o valor mais baixo foi de 10,9 pol. e o valor mais alto foi de 11,2 pol. Assim, os valores medidos desviaram-se uns dos outros, no máximo, em 0,3 pol. Estas medições foram relativamente precisas porque não variaram demasiado em valor. No entanto, se os valores medidos tivessem sido 10,9, 11,1 e 11,9, então as medições não seriam muito precisas porque haveria uma variação significativa de uma medição para outra.

As medições no exemplo do papel são exactas e precisas, mas em alguns casos, as medições são exactas mas não são precisas, ou são precisas mas não são exactas. Consideremos o exemplo de um sistema GPS que está a tentar localizar a posição de um restaurante numa cidade. Pense na localização do restaurante como estando no centro de um alvo em forma de alvo e pense em cada tentativa do GPS para localizar o restaurante como um ponto preto. As medições do GPS estão espalhadas e muito afastadas umas das outras, mas estão todas relativamente próximas da localização real do restaurante no centro do alvo. Isto indica um sistema de medição de baixa precisão e alta exatidão. No entanto, na Figura 15, as medições GPS estão concentradas muito perto umas das outras, mas estão longe da localização do alvo. Isto indica um sistema de medição de alta precisão e baixa exatidão.

Um sistema GPS tenta localizar um restaurante no centro do alvo. Os pontos pretos representam cada tentativa de localizar o restaurante. Os pontos estão muito afastados uns dos outros, o que indica uma baixa precisão, mas cada um deles está bastante próximo da localização real do restaurante, o que indica uma alta precisão. (crédito: Dark Evil)

os pontos estão concentrados bastante perto uns dos outros, indicando uma elevada precisão, mas estão bastante afastados da localização real do restaurante, indicando uma baixa precisão. (crédito: Dark Evil)

Exatidão, precisão e incerteza

O grau de exatidão e precisão de um sistema de medição está relacionado com a incerteza das medições. A incerteza é uma medida quantitativa de quanto os valores medidos se desviam de um valor padrão ou esperado. Se as suas medições não forem muito exactas ou precisas, então a incerteza dos seus valores será muito elevada. Em termos mais gerais, a incerteza pode ser considerada como um aviso para os seus valores medidos. Por exemplo, se alguém lhe pedir para indicar a quilometragem do seu carro, pode dizer que são 45.000 milhas, mais ou menos 500 milhas. O valor mais ou menos é a incerteza do seu valor. Ou seja, está a indicar que a quilometragem real do seu carro pode ser tão baixa como 44.500 milhas ou tão alta como 45.500 milhas, ou qualquer valor intermédio. Todas as medições contêm algum grau de incerteza. No nosso exemplo de medição do comprimento do papel, podemos dizer que o comprimento do papel é de 11 pol., mais ou menos 0,2 pol. A incerteza numa medição, A , é frequentemente indicada como δA ("delta A"), pelo que o resultado da medição seria registado como $A \pm \delta A$. No nosso exemplo do papel, o comprimento do papel pode ser expresso como 11 in. ± 0,2.

Os factores que contribuem para a incerteza de uma medição incluem

Limitações do aparelho de medição, A competência da pessoa que efectua a medição, Irregularidades no objeto a medir, Quaisquer outros factores que afectem o resultado (muito dependente da situação).

No nosso exemplo, os factores que contribuem para a incerteza podem ser os seguintes: a divisão mais pequena da régua é de 0,1 in., a pessoa que utiliza a régua tem má visão, ou um dos lados do papel é ligeiramente mais comprido do que o outro. De qualquer modo, a incerteza de uma medição deve ser baseada numa consideração cuidadosa de todos os factores que podem contribuir e dos seus possíveis efeitos.

Fazer ligações: Conexões do mundo real - Febre ou calafrios?

A incerteza é uma informação fundamental, tanto na física como em muitas outras aplicações do mundo real. Imagine que está a cuidar de uma criança doente. Suspeita que a criança tem febre e, por isso, verifica a sua temperatura com um termómetro. E se a incerteza do termómetro fosse de 3,0°C ? Se a leitura da temperatura da criança fosse 37,0°C (que é a temperatura normal do corpo), a temperatura "verdadeira" poderia ser qualquer coisa entre 34,0°C hipotérmicos e 40,0°C perigosamente elevados. Um termómetro com uma incerteza de 3,0°C seria inútil.

Percentagem de incerteza

Um método de expressar a incerteza é como uma percentagem do valor medido. Se uma medição A for expressa com incerteza, δA , a incerteza percentual (%unc) é definida como

Discussão

Podemos concluir que o peso do saco de maçãs é de 5 lb ± 8% . Considere como esta percentagem de incerteza mudaria se o saco de maçãs tivesse metade do peso, mas a incerteza no peso permanecesse a mesma. Sugestão para cálculos futuros: ao calcular a percentagem de incerteza, lembre-se sempre que deve multiplicar a fração por 100%. Se não o fizer, terá uma quantidade decimal e não um valor percentual.

Incertezas nos cálculos

Existe uma incerteza em qualquer coisa calculada a partir de quantidades medidas. Por exemplo, a área de um piso calculada a partir de medições do seu comprimento e largura tem uma incerteza porque o comprimento e a largura têm incertezas. Qual é o grau de incerteza de algo que se calcula por multiplicação ou divisão? Se as medições que entram no cálculo tiverem pequenas incertezas (algumas percentagens ou menos), então o método da adição de percentagens pode ser utilizado para a multiplicação ou divisão. Este método diz que a percentagem de incerteza numa quantidade calculada por multiplicação ou divisão é a soma das percentagens de incerteza nos itens utilizados para efetuar o cálculo. Por exemplo, se um pavimento tem um comprimento de 4,00 m e uma largura de 3,00 m, com incertezas de 2% e 1%, respetivamente, então a área do pavimento é de 12,0 m2 e tem uma incerteza de 3% . (Expresso como uma área, isto é 0,36 m2 , que arredondamos para 0,4 m2 , uma vez que a área do pavimento é dada com um décimo de metro quadrado).

Verificar a sua compreensão

O treinador de atletismo de uma escola secundária acabou de comprar um novo cronómetro. O manual do cronómetro indica que o cronómetro tem uma incerteza de ±0,05 s Os corredores da equipa do treinador de atletismo cronometram regularmente sprints de 100 m entre 11,49 s e 15,01 s. Na última prova de atletismo da escola, o primeiro classificado fez 12,04 s e o segundo classificado fez 12,07 s. O novo cronómetro do treinador será útil para cronometrar a equipa de sprint? Porquê ou porque não?

Solução

Não, a incerteza no cronómetro é demasiado grande para diferenciar eficazmente os tempos de sprint. Um fator importante na exatidão e precisão das medições envolve a precisão da ferramenta de medição. Em geral, uma ferramenta de medição precisa é aquela que pode medir valores em incrementos muito pequenos. Por exemplo, uma régua normal pode medir o comprimento até ao milímetro mais próximo, enquanto um paquímetro pode medir o comprimento até ao 0,01 milímetro mais próximo. O paquímetro é uma ferramenta de medição mais precisa porque pode medir diferenças extremamente pequenas no comprimento. Quanto mais precisa for a ferramenta de medição, mais precisas e exactas podem ser as medições.

Quando expressamos valores medidos, só podemos listar tantos dígitos quantos os que medimos inicialmente com a nossa ferramenta de medição. Por exemplo, se utilizarmos uma régua normal para medir o comprimento de um pau, podemos medir 36,7 cm . Não poderia exprimir este valor como 36,71 cm porque a sua ferramenta de medição não era suficientemente precisa para medir um centésimo de centímetro. É de notar que o último algarismo de um valor medido foi estimado de alguma forma pela pessoa que efectuou a medição. Por exemplo, a pessoa que mede o comprimento de um pau com uma régua repara que o comprimento do pau parece estar algures entre 36,6 cm e 36,7 cm, e tem de estimar o valor do último algarismo. Usando o método dos algarismos significativos, a regra é que o último algarismo escrito numa medição é o primeiro algarismo com alguma incerteza. Para determinar o número de algarismos significativos de um valor, comece com o primeiro valor medido à esquerda e conte o número de algarismos até ao último algarismo escrito à direita. Por exemplo, o valor medido 36,7 cm tem três dígitos, ou algarismos significativos. Os algarismos significativos indicam a precisão de uma ferramenta de medição que foi utilizada para medir um valor.

Zeros

É dada especial atenção aos zeros na contagem de algarismos significativos. Os zeros em 0,053 não são significativos, porque são apenas marcadores de posição que localizam o ponto decimal. Há dois algarismos significativos em 0,053. Os zeros em 10,053 não são marcadores de posição, mas são significativos - este número tem cinco algarismos significativos. Os zeros em 1300 podem ou não ser significativos, dependendo do estilo de escrita dos números. Podem significar que o número é conhecido até ao último algarismo, ou podem ser marcadores de posição. Assim, 1300 pode ter dois, três ou quatro algarismos significativos. (Para evitar esta ambiguidade, escreva 1300 em notação científica.) Os zeros são significativos, exceto em , quando servem apenas como marcadores de posição.

Verificar a sua compreensão

Determine o número de algarismos significativos nas seguintes medidas:

Solução

1; os zeros neste número são marcadores de posição que indicam a casa decimal 6; aqui, os zeros indicam que a medição foi efectuada até à decimal 0,1, pelo que os zeros são significativos 1; o valor 103 significa a casa decimal, não o número de valores medidos 5; o zero final indica que a medição foi efectuada até à casa decimal 0,001, pelo que é significativo 4; quaisquer zeros localizados entre algarismos significativos num número são também significativos

Números significativos nos cálculos

Quando se combinam medições com diferentes graus de exatidão e precisão, o número de algarismos significativos na resposta final não pode ser superior ao número de algarismos significativos no valor medido menos preciso. Existem duas regras diferentes, uma para a multiplicação e a divisão e outra para a adição e a subtração, como se verá mais adiante.

Para a multiplicação e a divisão: O resultado deve ter o mesmo número de algarismos significativos que a quantidade com os algarismos menos significativos que entram no cálculo. Por exemplo, a área de um círculo pode ser calculada a partir do seu raio usando A = πr2 . Vejamos quantos algarismos significativos tem a área se o raio tiver apenas dois - digamos, r = 1,2 m . Então,

A = πr2 = (3,1415927...)×(1,2 m)2 = 4,5238934 m2 (1.11)

é o que se obteria utilizando uma calculadora com oito dígitos. Mas como o raio tem apenas dois algarismos significativos, limita a quantidade calculada a dois algarismos significativos ou A=4,5 m2, (1,12) apesar de π ter pelo menos oito algarismos.

Para a adição e a subtração: A resposta não pode conter mais casas decimais do que a medida menos precisa. Suponha que compra 7,56 kg de batatas numa mercearia, medidos com uma balança com precisão de 0,01 kg. De seguida, deixa 6,052 kg de batatas no seu laboratório, medidos por uma balança com precisão de 0,001 kg. Finalmente, vai para casa e adiciona 13,7 kg de batatas, medidos por uma balança de casa de banho com precisão de 0,1 kg. Quantos quilogramas de batatas tem agora e quantos algarismos significativos são apropriados na resposta? A massa é obtida por adição e subtração simples:

7,56 kg (1.13)

- 6,052 kg

+13.7 kg = 15,2 kg.

15,208 kg

De seguida, identificamos a medida menos precisa: 13,7 kg. Esta medida é expressa com 0,1 casas decimais, pelo que a nossa resposta final também deve ser expressa com 0,1 casas decimais. Assim, a resposta é arredondada às décimas, o que nos dá 15,2 kg.

Algarismos significativos neste texto

Neste texto, assume-se que a maioria dos números tem três algarismos significativos. Além disso, em todos os exemplos trabalhados são utilizados números consistentes de algarismos significativos. É de notar que uma resposta dada com três algarismos é baseada numa entrada com pelo menos três algarismos, por exemplo. Se a entrada tiver menos algarismos significativos, a resposta também terá menos algarismos significativos. É também necessário garantir que o número de algarismos significativos é razoável para a situação apresentada. Nalguns tópicos, em particular na ótica, são necessários números mais exactos e serão utilizados mais de três algarismos significativos. Finalmente, se um número for exato, como os dois da fórmula do perímetro de uma circunferência, $c = 2\pi r$, não afecta o número de algarismos significativos num cálculo.

Efectue os seguintes cálculos e expresse a sua resposta utilizando o número correto de algarismos significativos.

Uma mulher tem dois sacos com um peso de 13,5 libras e um saco com um peso de 10,2 libras. Qual é o peso total dos sacos?

A força F sobre um objeto é igual à sua massa m multiplicada pela sua aceleração a . Se um vagão de massa 55 kg acelera a uma velocidade de 0,0255 m/s2 , qual é a força sobre o vagão? (A unidade de força chama-se newton e é expressa com o símbolo N).

37,2 libras; Como o número de sacos é um valor exato, não é considerado nos algarismos significativos.

1,4 N; Como o valor 55 kg tem apenas dois algarismos significativos, o valor final também deve conter dois algarismos significativos.

1.4 Aproximação

Em muitas ocasiões, os físicos, outros cientistas e engenheiros precisam de fazer aproximações ou "estimativas" para uma determinada quantidade. Qual é a distância até um determinado destino? Qual é a densidade aproximada de um determinado objeto? Qual o valor aproximado da corrente num circuito? Muitos números aproximados baseiam-se em fórmulas em que as quantidades introduzidas são conhecidas apenas com uma precisão limitada. À medida que desenvolve capacidades de resolução de problemas (que podem ser aplicadas a uma variedade de domínios através do estudo da física), também desenvolve capacidades de aproximação. Desenvolverá estas competências através de um pensamento mais quantitativo e da vontade de correr riscos. Como em qualquer atividade, a experiência ajuda, bem como a familiaridade com as unidades. Estas aproximações permitem-nos excluir certos cenários ou números irrealistas. As aproximações também nos permitem desafiar os outros e guiar-nos nas nossas abordagens ao nosso mundo científico. Vamos dar dois exemplos para ilustrar este conceito.

Exemplo 1.3 Aproximar a altura de um edifício

Consegues fazer uma aproximação da altura de um dos edifícios do teu campus ou do teu bairro? Vamos fazer uma aproximação com base na altura de uma pessoa. Neste exemplo, vamos calcular a altura de um edifício de 39 andares.

Estratégia

Pense na altura média de um homem adulto. Podemos aproximar a altura do edifício aumentando-a a partir da altura de uma pessoa.

Discussão

É possível utilizar quantidades conhecidas para determinar uma medida aproximada de quantidades desconhecidas. Se a tua mão mede 10 cm de largura, quantos comprimentos de mão equivalem à largura da tua secretária? Que outras medidas podem ser aproximadas para além do comprimento?

O défice federal dos EUA no ano fiscal de 2008 foi um pouco superior a 10 biliões de dólares. A maioria de nós não faz ideia de quanto é realmente um trilião. Suponha que lhe era dado um trilião de dólares em notas de 100 dólares. Se fizesse pilhas de 100 notas e as utilizasse para cobrir uniformemente um campo de futebol (entre as zonas finais), faça uma estimativa da altura da pilha de dinheiro. (Utilizaremos aqui pés/polegadas em vez de metros, porque os campos de futebol são medidos em jardas). Um dos teus amigos diz 3 polegadas, enquanto outro diz 10 pés. O que é que achas?

Quando imagina a situação, provavelmente imagina milhares de pequenas pilhas de notas de 100 dólares embrulhadas, como as que vê nos filmes ou num banco. Como esta é uma quantidade fácil de aproximar, comecemos por aí. Podemos encontrar o volume de uma pilha de 100 notas, descobrir quantas pilhas perfazem um trilião de dólares e, em seguida, definir esse volume como sendo igual à área do campo de futebol multiplicada pela altura desconhecida.

Calcule o volume de uma pilha de 100 notas. As dimensões de uma única nota são aproximadamente 3 in. por 6 in. Uma pilha de 100 notas tem cerca de

O valor final aproximado é muito superior à estimativa inicial de 3 pol., mas a outra estimativa inicial de 10 pés (120 pol.) estava aproximadamente correta. Como é que a aproximação se compara com a tua primeira estimativa? O que é que este exercício lhe pode dizer em termos de "estimativas" grosseiras versus aproximações cuidadosamente calculadas?

Verificar a sua compreensão

Utilizando a matemática mental e a sua compreensão das unidades fundamentais, aproxima a área de um campo de basquetebol regulamentar. Descreve o processo que utilizaste para chegar à tua aproximação final.

Solução

Um homem médio tem cerca de dois metros de altura. Seriam necessários cerca de 15 homens dispostos de ponta a ponta para cobrir o comprimento e cerca de 7 para cobrir a largura. Isto dá uma área aproximada de 420 m2 .

Glossário

exatidão: o grau em que um valor medido está de acordo com o valor correto para essa medição

aproximação: um valor estimado com base em experiências e raciocínios anteriores

física clássica: física que se desenvolveu desde o Renascimento até ao final do século XIX

Fator de conversão: uma relação que exprime quantas unidades de uma unidade são iguais a outra unidade

unidades derivadas: unidades que podem ser calculadas através de combinações algébricas das unidades fundamentais

Unidades inglesas: sistema de medida utilizado nos Estados Unidos; inclui unidades de medida como pés, galões e libras

unidades fundamentais: unidades que só podem ser expressas em relação ao processo utilizado para as medir

Quilograma: a unidade SI de massa, abreviada (kg)

lei: uma descrição, utilizando uma linguagem concisa ou uma fórmula matemática, de um padrão generalizado na natureza que é apoiado por provas científicas e experiências repetidas

metro: a unidade SI de comprimento, abreviada (m)

método de adição de percentagens: a percentagem de incerteza numa quantidade calculada por multiplicação ou divisão é a soma das percentagens de incerteza nos itens utilizados para efetuar o cálculo

sistema métrico: um sistema em que os valores podem ser calculados em factores de 10

modelo: representação de algo que é frequentemente demasiado difícil (ou impossível) de mostrar diretamente

física moderna: o estudo da relatividade, da mecânica quântica ou de ambas

ordem de grandeza: refere-se ao tamanho de uma quantidade em relação a uma potência de 10

incerteza percentual: o rácio entre a incerteza de uma medição e o valor medido, expresso em percentagem

quantidade física: caraterística ou propriedade de um objeto que pode ser medida ou calculada a partir de outras medições

física: a ciência que se ocupa da descrição das interações entre a energia, a matéria, o espaço e o tempo; interessa-se especialmente pelos mecanismos fundamentais subjacentes a cada fenómeno

precisão: o grau de concordância entre medições repetidas

mecânica quântica: estudo de objectos mais pequenos do que os que podem ser vistos com um microscópio

relatividade: o estudo de objectos que se deslocam a velocidades superiores a cerca de 1% da velocidade da luz ou de objectos que são afectados por um forte campo gravitacional

Unidades SI : o sistema internacional de unidades que os cientistas da maioria dos países concordaram em utilizar; inclui unidades como metros, litros e gramas

método científico: método que começa normalmente com uma observação e uma questão que o cientista vai investigar; em seguida, o cientista efectua normalmente alguma investigação sobre o tema e elabora uma hipótese; depois, o cientista testa a hipótese realizando uma experiência; finalmente, o cientista analisa os resultados da experiência e tira uma conclusão

segundo: a unidade SI de tempo, abreviada (s)

algarismos significativos: exprimem a precisão de um instrumento de medição utilizado para medir um valor

teoria: uma explicação para padrões na natureza que é apoiada por provas científicas e verificada várias vezes por vários grupos de investigadores

incerteza: uma medida quantitativa de quanto os valores medidos se desviam de um valor padrão ou esperado

Resumo da secção

1.1 Física: Uma introdução

A ciência procura descobrir e descrever a ordem e a simplicidade subjacentes na natureza.

A Física é a mais básica das ciências, ocupando-se da energia, da matéria, do espaço e do tempo e das suas interações.

As leis e teorias científicas exprimem as verdades gerais da natureza e o conjunto de conhecimentos que englobam. Estas leis da natureza são regras que todos os processos naturais parecem seguir.

1.2 Grandezas físicas e unidades

As grandezas físicas são uma caraterística ou propriedade de um objeto que pode ser medida ou calculada a partir de outras medições.

As unidades são padrões para expressar e comparar a medição de quantidades físicas. Todas as unidades podem ser expressas como combinações de quatro unidades fundamentais.

As quatro unidades fundamentais que utilizaremos neste texto são o metro (para o comprimento), o quilograma (para a massa), o segundo (para o tempo) e o ampere (para a corrente eléctrica). Estas unidades fazem parte do sistema métrico, que utiliza potências de 10 para relacionar grandezas nos vastos intervalos encontrados na natureza.

As quatro unidades fundamentais são abreviadas da seguinte forma: metro, m; quilograma, kg; segundo, s; e ampere, A. O sistema métrico também utiliza um conjunto normalizado de prefixos para indicar cada ordem de grandeza superior ou inferior à própria unidade fundamental.

As conversões de unidades envolvem a alteração de um valor expresso num tipo de unidade para outro tipo de unidade. Isto é feito utilizando factores de conversão, que são rácios que relacionam quantidades iguais de unidades diferentes.

1.3 Exatidão, precisão e algarismos significativos

A exatidão de um valor medido refere-se ao grau de aproximação de uma medição ao valor correto. A incerteza numa medição é uma estimativa da quantidade pela qual o resultado da medição pode diferir deste valor.

A precisão dos valores medidos refere-se ao grau de concordância entre medições repetidas.

A precisão de uma ferramenta de medição está relacionada com a dimensão dos seus incrementos de medição. Quanto mais pequeno for o incremento de medição, mais precisa é a ferramenta.

Os algarismos significativos exprimem a precisão de uma ferramenta de medição.

Na multiplicação ou divisão de valores medidos, a resposta final só pode conter tantos algarismos significativos quanto o valor menos exato.

Ao somar ou subtrair valores medidos, a resposta final não pode conter mais casas decimais do que o valor menos exato.

1.4 Aproximação

Os cientistas aproximam frequentemente os valores das quantidades para efetuar cálculos e analisar sistemas.

Questões conceptuais

1.1 Física: Uma introdução

Os modelos são particularmente úteis na relatividade e na mecânica quântica, onde as condições não são as normalmente encontradas pelos seres humanos. O que é um modelo?

Em que é que um modelo difere de uma teoria?

Se duas teorias diferentes descreverem igualmente bem observações experimentais, pode dizer-se que uma é mais válida do que a outra (assumindo que ambas utilizam regras lógicas aceites)?

O que é que determina a validade de uma teoria?

Para acreditar numa medição ou numa observação, é necessário satisfazer determinados critérios. Serão os critérios necessariamente tão rigorosos para um resultado esperado como para um resultado inesperado?

A validade de um modelo pode ser limitada ou tem de ser universalmente válida? Como é que isto se compara com a validade exigida de uma teoria ou de uma lei?

A física clássica é uma boa aproximação à física moderna em determinadas circunstâncias. Quais são elas?

Quando é que é necessário utilizar a mecânica quântica relativista?

A física clássica pode ser utilizada para descrever com exatidão um satélite que se move a uma velocidade de 7500 m/s? Explique porquê ou porque não.

1.2 Grandezas físicas e unidades

Identificar algumas vantagens das unidades métricas.

Qual é a relação entre a exatidão e a incerteza de uma medição?

REFERÊNCIAS

Aariff Khan, MA., e Kamalakar, J. (2012). Propriedades físicas, físico-químicas e químicas dos solos do recém-criado parque de agro-biodiversidade da Universidade Agrícola Acharya NG Ranga, Hyderabad, Andhra Pradesh. *Jornal Internacional de Ciências Agrícolas,* 2 (2) :102-116.

Acworth, RI. (1999). Investigação da salinidade de terras secas utilizando o método da imagem eléctrica. *Australian Journal of Soil Research,* 37 : 623-636.

Ahire, DV., Chaudhari, PR., Vidya, DA., e Patil, AA. (2013). Correlações de Condutividade Elétrica e Constante Dielétrica com Propriedades Físico-Químicas de Solos Pretos. *Revista Internacional de Publicações Científicas e de Investigação*, 3 (2): 1-16.

Ahmed Hussein. (2002). Avaliação da variabilidade espacial de algumas propriedades físico-químicas dos solos sob diferentes elevações e sistemas de utilização da terra nas encostas ocidentais do Monte Chilalo, Arsi. *Tese de Mestrado*, Universidade de Alemaya, Etiópia. 110-111.

Aikawa, M.,e Ogawa, H. (1980). Um novo MIC Magic T usando linhas de fenda acopladas. *IEEE Transactions on Microwave Theory and Techniques*, 28 (6): 20-25.

Aimrun, W., Amin, MSM., e Ezrin, MH. (2009). Variabilidade espacial em pequena escala da condutividade eléctrica aparente num campo de arroz. *Ciência do Solo Aplicada e Ambiental*, : 7.

Akpoveta, OV., Osakwe, SA., Okoh, BE., e Otuya, BO. (2010). Caraterísticas físico-químicas e níveis de alguns metais pesados em solos à volta de depósitos de sucata metálica em algumas partes do Estado do Delta, Nigéria. *Jornal de*

Ciências Aplicadas e Gestão Ambiental, 14 (4) : 57 - 60.

Alex, ZC., e Behari, J. (1996). Permissividade dieléctrica complexa do solo em função da frequência, humidade e textura. *Indian Journal of Pure and applied Physics*, 34 : 319- 323.

Alex, ZC., Behari, J., Rufus, E., e Karpagam, AV. (2001). *22ª Conferência Asiática sobre Deteção Remota*, SISV, AARS, Singapura.

Amer, AAR, Abdul, WH, Hector, H, Sutherland, AA, Yousif, Mohammed, AS, e Badr, AS. (2001). Um estudo quantitativo comparativo de um solo omani utilizando a técnica de difração de raios X. *Engenharia Geotécnica e Geológica*, 19: 69-84.

Amos-Tautua, Bamidele, MW, Onigbinde, AO, e Ere, D. (2014). Avaliação de alguns metais pesados e propriedades físico-químicas em solos superficiais de lixeiras municipais a céu aberto em Yenagoa, Nigéria. *Revista Africana de Ciência e Tecnologia Ambiental*, 8 (1): 41-47.

António, D., e José, AG. (2016). O Solo. Propriedades físicas, químicas e biológicas. *Princípios de Agronomia para a Agricultura Sustentável Springer International Publishing,* AG 2016 : 15 - 26.

Archie, GE. (1942). The electrical resistivity log as an aid in determining some reservoir characteristics. *Transactions of the American Institute of Mining, Metallurgical, and Petroleum Engineers,* 146 : 54-62.

Arshad, M., e Coen, G. (1992). Caracterização da qualidade do solo: Critérios físicos e químicos. *American Journal of Alternative Agriculture*, 7 (1-2): 25-31.

Arvind, KR., Biswajith, P., e Gurdeep, S. (2010). Um estudo sobre a densidade aparente e o seu efeito no crescimento de gramíneas selecionadas em lixeiras de minas de carvão, Jharkhand, Índia. *Revista Internacional de Ciências Ambientais,* 1 (4): 677-684.

Ashraf, M., Bhat, GA, Dar, ID., Ali, M. (2012). Caraterísticas físico-químicas solos de pastagem do Yusmarg Hill Resort (Caxemira, Índia). *Ecologia Balkanica,* 4 (1) : 31-38.

Assefa Kuru. (1978). Efeitos do húmus na capacidade de retenção de água do solo e o seu papel na luta contra a desertificação. *Tese de mestrado, Universidade de Helsínquia*: 66-68.

Avnimelech, Y., Ritvo, G., Leon, EM., e Kochba, M. (2001). Teor de água, carbono orgânico e densidade aparente seca em sedimentos inundados. *Engenharia Aquícola*, 25 (1) : 25-33.

Awanish, K, Mishra, VN, Srivastav, LK e Rakesh, B. (2014). Avaliações do estado de fertilidade do solo dos principais nutrientes disponíveis (N, P e K) e micro nutrientes (Fe, Mn, Cu e Zn) em Vertisol do distrito de Kabeerdham de Chhattisgarh, Índia. *Revista Internacional de Estudos Interdisciplinares e Multidisciplinares,* 1 (10): 72-79.

Banton, O., Seguin, MK., e Cimon, MA. (1997). Mapeamento das propriedades físicas do solo à escala do terreno com resistividade eléctrica. *Soil Science Society of American Journal,* 61 : 1010-1017.

Barauah, TC., e Barthakulh, HP. (1997). Um livro didático de análise do solo. *Viskas Publishing House*. Nova Deli, Índia, 102-105.

Baruah, TC., e Barthakur, HP. (1997). A text book of soil analysis. *Vikas publishing house Pvt. Ltd.*

Basavaraj, MK., Chavan, RR., Kaladagi,SR., e Kalashetti, MB. (2015). Um estudo sobre o estado de nutrientes do solo no distrito de Bagalkot do estado de Karnataka, e fertilizante Recomendação. *IOSR Journal of Environmental Science, Toxicology and Food Technology*, 9 (2): 30-35.

Bashar, MA., lsmadia. e Peter, F. (2001). Análise semi-quantitativa de alterações nos revestimentos do solo por microscópio eletrónico de varrimento e mapeamento de raios X por dispersão de energia. *Colloids and Surfaces A: Physicochemical and Engineering Aspects*, 194 (1-3) : 249-261.

Bell, RW., e Dell, B. (2008). Micronutrients for Sustainable Food, Feed, Fibre and Bioenergy Production. Primeira edição, *IFA*, Paris, França.

Benchimol, G., e de Bruyne, FA. (1965). Medições da constante dieléctrica de materiais sólidos. *Electronic measuring and Microwave Notes*, Philips, 2 : 5-8.

Bernstone, C., Dahlin, T., Ohlsson, T., e Hogland, W. (1998). Cartografia de resistividade DC de estruturas internas de aterros: dois levantamentos pré-excavação. *Environment Geology*, 39 : 360-371.

Bini, D., e Bindi. (2014). Análise Física e Química do Solo Recolhido de Jaisamand. *Revista Universal de Investigação e Tecnologia Ambiental*, 4 (5): 260-264.

Birchak, JR., Gardner, CG., Hipp, JE., e Victor, JM. (1974). Sondas de micro-ondas de elevada constante dieléctrica para deteção da humidade do solo. *Proceedings of the IEEE*, 62(1) : 93-98.

Boyarskii, DA., Tikhonov, V. V., e Komarova, NY. (2002). Modelo da constante dieléctrica da água ligada no solo para aplicações de deteção remota por micro-ondas. *Progresso na investigação electromagnética*, 35: 251.

Brady, CN., e Weil, RR. (2002). Nature and properties of soils. *13ª Ed. Prentice Hall.*

Brady, NC. (1985). The nature and properties of soil, 8th edn., *Mac Millan publishing*

Co., Inc., New York, USA.

Brady, NC. (1996). The nature and properties of soils, *11ª ed., McMillan: Nova Iorque:* 621.

Brady, NC., e Weil, RR. (2002). The nature and properties of soils, *13th ed., Prentice-Hall Inc.,* New Jersey, USA: 960.

Brandt, CG., e Kinneging, AJ. (2005). Difração de raios X em pó: A practical guide to quantitative phase analysis. *Almelo: PANalytical B. V.* Países Baixos.

Brouwer, P. (2006). Teoria de XRF: familiarização com os princípios. Segunda edição ed. *Almelo: PANalytical B. V.* Países Baixos.

Butler, J., Roper, TJ., e Clark, AJ. (1994). Investigation of badger setts using soil resistivity measurments. *Zoological Society of London*, 232 : 409-418.

Calla, OPN., Baruah, A., Das, B., Mishra ,KP., Kalita, M., e Haque, SS. (2004). Variabilidade da constante dieléctrica do solo seco com os seus constituintes físicos a frequências de micro-ondas e validação do modelo CVCG. *Indian Journal of Radio and Space Physics*, 33 : 125-129.

Calla, OPN., Bohra, D., Mishra, SK., Alam , M., Hazarika, D., e Ramawat, L. (2007). Efeito da radiação de micro-ondas nos parâmetros eléctricos do solo. *Indian Journal of Radio and Space Physics*, 36 : 229-233.

Calla, OPN, Borah, MC, Vashishtha, P, Bhattacharya, A, e Purohit, SP. (1999).Estudo das propriedades do solo seco e húmido de areia argilosa a frequências de micro-ondas. *Indian Journal of Radio and Space Physics,* 28 : 109- 112.

Campbell, RE., e Rouss, JO. (1961). Economia de terraceamento de solos de Iowa. *Journal of Soil and Water Constituents.* 41 (1) : 49-52.

Carter, MR., Angers, DA., Gregorich, EG., e Bolinder, MA. (1997). Estoques de carbono orgânico e nitrogênio e armazenamento de perfis em solos frios e úmidos do leste do Canadá. *Canadian Journal of Siol Science.* 77 (1-4) : 205-206.

Chaudhari, HC., e Shinde, VJ. (2008). Estudo dielétrico de solos carregados de humidade à frequência de micro-ondas de banda X. *Jornal Internacional de Ciências Físicas*, 3 (3): 75-78.

Chaudhari, PR., e Ahire, DV. (2013). Condutividade elétrica e constante dielétrica como preditores de propriedades químicas e nutrientes disponíveis no solo. *Jornal de Ciências Químicas, Biológicas e Físicas,* 3 (2) : 1382- 1388.

Chaudhari, PR., e Ahire, DV., (2014). Propriedades elétricas e físicas dos solos de Coimbatore na frequência de micro-ondas. *Revista Internacional de Investigação Inovadora em Ciências, Engenharia e Tecnologia,* 3 : 17500-17504.

Chen, L., Yin, Z., e Zhang, P. (2007). Relação da resistividade com o teor de água e as fissuras de solos expansivos não saturados. *Jornal da Universidade de Minas e Tecnologia da China*, 17 (4): 537-540.

Chhabra, G., Srivastava, PC., Ghosh, D., e Agnihotri, AK., (1996). Distribuição de catiões de micronutrientes disponíveis em relação às propriedades do solo em diferentes zonas do solo da interbacia de Gola-Kosi. *Crop Research-Hisar*, 11 (3) : 296-303.

Chik Z. e Islam T., (2011). Estudo dos Efeitos Químicos na da Compactação do Solo através da Condutividade Eléctrica. *Jornal Internacional de Ciência Eletroquímica*, 6: 6733- 6740.

Chik, Z., e Islam, SMT. (2012). Encontrar o tamanho das partículas do solo através da resistividade eléctrica em investigações de locais de solo. *Revista Eletrónica de Geotecnia Engenharia,* 17: 1867-1876.

Chilalo, Arsi. (2008).Avaliação do potencial da cafeicultura biológica e do impacto de diferentes árvores de sombra nos parâmetros de qualidade do solo em Yayu Woreda, no sudoeste da Etiópia. *Dissertação de mestrado, Universidade de Alemaya,* Etiópia: 111.

Chiu, TF. (1990). Funções e toxicidade dos micronutrientes. *Actas do Simpósio sobre Nutrição de Árvores de Fruto e Gestão do Solo de Pomar, L.R. Chang, (Ed.).* Changhua, Taiwan ROC: 35-43.

Clarke, RM., e Allen, D. (2010). Soil and Related Substances. Freckelton & Selby, I. Freckelton e H. Selby, Editores.

Curtis, JO. (2001). *Transacções em Geociências e Deteção Remota. IEEE,* 29 (1) : 125.

Curtis, RO., e Post, BW. (1964). Estimating Bulk Density from Organic Matter Content in Some Vermont Forest soils (Estimativa da densidade aparente a partir do teor de matéria orgânica em alguns solos florestais de Vermont). *Soil Science American Journal,* 28: 285-286.

Daji, JA. (1996). A text book of soil Science. Media promoters and publishers, Bombaim.

Davood, NK., Mahdi, S., e MahMoud, O. (2012). Avaliação da constante dieléctrica por mineral de argila e propriedades físico-químicas do solo. *Jornal Africano de Investigação Agrícola,* 7 (2): 170- 176.

Defoer, T., Budelman, A., Toulimin, C., e Carter S. E. (2000). Managing soil fertility in the tropics. *Royal Tropical Institute, Kit Press,* Reino Unido.

De-Neve, S., Van, DSJ., Hartman, R., e Hofman, G., (2000). Utilização da reflectometria no domínio do tempo para monitorizar a mineralização do azoto da matéria orgânica do solo. *Jornal Europeu de Ciência do Solo,* 51: 295-304.

Dermatas, D., Chrysochoou, M., Pardali, S., e Grubb, DG. (2007). Influência da preparação de amostras por difração de raios X na mineralogia quantitativa: implicações para o tratamento de resíduos de cromato. *Journal of Environmental Quality,* 36 : 487-497.

Deshmukh, KK. (2012). Estudos sobre caraterísticas químicas e classificação de solos da área de sangamner, distrito de Ahmadnagar, Maharastra. *Rasayan Journal of Chemistry*, 5(1) : 74-85.

Dudley, RJ. (1975). A utilização da cor na discriminação entre solos. *Journal of Forensic Science Society*, 15(3) : 209-218.

Dutta, M., e Ram, M. (1993). Estado dos micronutrientes em algumas séries de solos de Tripura. *Journal of Indian Soil Science.* 41 (4) : 776-777.

Edgerton, AT., Mandl, RM., Poe, GA., Jenkins, JE., Soltis, F., e Sakamoto, S. (1968). Medições passivas de micro-ondas de neve, solos e sistemas de água de gelo e neve. *Relatório técnico n.º 4, Aerojet General Corporation, El Monte,* Califórnia.

Ehlers, W., Kopke, W., Hesse, F. e Bohm, W. (1983). Resistência à penetração e crescimento radicular da aveia em solo de loess lavrado e não lavrado. *Soil and Tillage Research*, 3 : 261-275.

Evett, JB. (2008). Soils and Foundation. *Nova Jersey: Pearson International.*

Eylachew, Z. (1999). Caraterísticas físicas, químicas e mineralógicas selecionadas dos principais solos que ocorrem nas terras altas de Chercher, no leste da Etiópia.

Ethiopian Journal of Natural Resource. 1 (2) : 173-185.

FAO. (1976). A Framwork for Land Evaluation, FAO Bulletin 32, FAO/UNESCO, França.

Fitzpatrick, RW. (2009). Soil: Forensic Analysis, em Wiley Encyclopaedia of Forensic Science, A. Jamieson e A. Moenssens, *Editores, John Wiley & Sons: Chichester*: 2377-2388.

Foth, H.D. (1990). Fundamentals of soil science, *8th Ed. John Wiley and Sons, Inc.*, Nova Iorque, EUA: 360.

Foth, HD., e Ellis, BG. (1997). Soil fertility, *2nd Ed. Lewis CRC Press LLC,* EUA: 290.

Fukue, M., Minato, T., Horibe, H., e Taya, N. (1999). As microestruturas de argila dadas por medições de resistividade. *Engineering Geology,* 54 : 43- 53.

Fultz, B., e Howe, J. (2013). Difração e o Difractómetro de Pó de Raios X. *Microscopia Eletrónica de Transmissão e Difractometria de Materiais*, *Terceira edição,* Springer*:* 1-462.

Gadani, DH., e Vyas, DA. (2008). Measurements of complex dielectric constant of soils of Gujarat at X- and C-band microwave frequencies. *Indian Journal of Radio and Space Physics,* 37 : 221-229.

Geri, A., Veca, GM., Garbagnati, E., Sartorio, G. (1992). Comportamento não linear de eléctrodos de terra sob correntes de sobretensão de raios: Modelação por computador e comparação com resultados experimentais. *IEEE Transaction on Magnets*, 28 : 1442-1445.

Giao, PH., Chung, SG., Kim, DY. e Tanaka, H. (2003). Imagens eléctricas e ensaios de resistividade em laboratório para investigação geotécnica dos depósitos de argila de Pusan. *Journal of Applied Geophysics,* 52 : 157-175.

Goldstein, J., Newbury, DE., Joy, DC., Lyman, CE., Echlin, P., Lifshin, E., Sawuer, L., e Michael, JR. (2007). Microscopia eletrónica de varrimento e microanálise de raios X. *Terceira edição ed.: Springer.*

Gregorich, EG., Ellert, BH., e Monreal, CM. (1995). Turnover da matéria orgânica do solo e armazenamento de carbono de resíduos de milho estimado a partir da abundância natural de 13C. *Canadian Journal of Soil Science,* 75 : 161-164.

Guéguen, Y., e Palciauskas, V. (1994). Introduction to the Physics of Rocks. *Princeton University Press*, Princeton, New Jersey: 294.

Gupta, PK. (2004). Análise do solo, das plantas, da água e dos fertilizantes. Shyam Printing Press, Agrobios, Índia: 438.

Hallikainen, MT., Ulaby, FT., Dobson, MC., Elrayes, MA., e Wu, LK. (1985). Comportamento dielétrico de micro-ondas do solo úmido - Parte II: Modelos de mistura dielétrica. *Transacções em Geociências e Sensoriamento Remoto*, 23 (1): 25-34.

Hammel, JE. (1989). Efeitos da lavoura a longo prazo e da rotação de culturas na densidade aparente e na impedância do solo no norte de Idaho. *Soil Science Society of American Journal,* 53 : 1515-1519. Handbook of Agriculture, *ICAR, Nova Deli,* 1968).

Hartemink, E. (2010). Mudança no uso da terra nos trópicos e seu efeito na fertilidade do solo. *19º Congresso Mundial de Ciência do Solo, Soluções do Solo para um Mundo em Mudança*, Brisbane, Austrália.

Helburg, GR., Wallen, NC., e Miller, GA., (1978). Um século de desenvolvimento do solo em solo derivado de loess em Lowa. *Soil Science American Journal*, 42: 339-343.

Hodes, SC. (1996). Noções básicas de fertilidade do solo: Formação de conselheiros de culturas certificados de N.C. *Extensão de Ciência do Solo, Universidade Estadual da Carolina do Norte*: 74-75.

Hoekstra, P., e Delaney, A. (1974). Dielectric properties of soils at UHF and microwave frequencies. *Journal of Geophysical Research*, 79 (11) : 1699-1708.

Holmgren, GGS, Meyer, MW, Chane, RL, e Daniels, RB (1992). Cadmium, Lead, Zinc, Copper, and Nickel in agricultural soils of the United States of America. *Journal of Environmental Quality,* 22 (2): 335-348.

Hue, NV., e Amien, I. (1989). Deterioração do alumínio com adubos verdes. *Comunidade e Ciência do Solo e Análises de Plantas,* 20: 1499-1511.

Indoria, AK., Sharma, KL., Reddy, SK., e Rao, CS. (2016). Papel das propriedades físicas do solo na gestão da saúde do solo e produtividade das culturas em sistemas de sequeiro-II. *Tecnologia de gestão e produção de culturas Ciência atual,* 3 (110): 320-328.

Intalab, S., e Sodthisong, E. (1979). Efeitos da aplicação de zinco na produção de feijão-mungo em solos calcários. *Relatório anual de 1979. Divisão de Ciência do Solo*, Departamento de Agricultura, Tailândia.

Jackson, ML, 1973. Soil Chemical analysis, *Prentice- Hall, Englewood Cliffs, New Jersy,* 470 - 490.

Jain, P., e Singh, D. (2014). Análise da diversidade físico-química e microbiana de diferentes variedades de solo recolhidas em Madhya Pradesh, Índia. *Revista académica de ciências agrícolas*, 4 (2): 103-108.

Jain, SA., Jagtap, MS., Patel, KP. (2014). Caracterização físico-química do solo agrícola utilizado em algumas aldeias de Lunawada Taluka, Dist : Mahisagar (Gujarat)

Índia. *Jornal Internacional de Publicação de Ciência e Pesquisa,* 4 (3): 1-5.

Jayaprakash, R., Vishwanath, SY., Punitha, BC., e Shilpashree, VM. (2012). Distribuição vertical de propriedades químicas e estado de macro nutrientes em perfis de solo de cultivo de areca não tradicionais de Karnataka, *Indian Journal Fundamental and Applied Life Science*, 2: 59 -62.

Jenny, H. (1941). Factores de Formação do Solo: Um Sistema de Pedologia Quantitativa. *Publicação McGraw-Hill*: 56-70.

Jian, L., Xiyong, W., e Long, H., (2014). Propriedades físicas, mineralógicas e micromorfológicas do solo expansivo tratado a diferentes temperaturas. *Journal of Nanomaterials*, 2014: 1-7.

Kachanoski R.G., DeJong E., e Van-Wesenbeeck I.J., (1990). Field scale pattern of soil water storage from non contacting measurements of bulk electrical conductivity, *Canadian Journal of Soil Science*, 70 : 537-541.

Kalinski, RJ., e Kelly, WE. (1993). Estimativa do teor de água dos solos a partir da resistividade eléctrica. *Geotechnical Testing Journal,* 16 : 323-329.

Kardol, P., Bezemer, TM., Vanderputten, WH. (2006). A variação temporal do feedback planta-solo controla a sucessão. *Ecology Letters,* 9 : 1080-1088.

Kekane, SS., Chavan, RP., Shinde, DN., Patil, CL., Sagar, SS. (2015). Uma revisão sobre as propriedades físico-químicas do solo. *Revista Internacional de Estudos Químicos* 3 (4): 29-32.

Khatri, R., Shrivastava, VK e Chandak, R. (2011). Correlação entre sondagem eléctrica vertical e métodos convencionais de investigação geotécnica de locais. *Jornal Internacional de Ciências e Tecnologias Avançadas de Engenharia,* 4 : 42-53.

Kinyangi, J. (2007). Saúde do solo e qualidade do solo: A Review. *Cornell.education*, 1- 16.

Kitchen, NR., Sudduth, KA., Myers, DB., Drummond. ST., e Hong, SY., (2005). Delineação de zonas de produtividade em campos de solos argilosos utilizando a condutividade eléctrica aparente do solo. *Computador Eletrónico e Agricultura*, 46 : 285- 308.

Kumar, M., e Babel, AL. (2011). estado dos micronutrientes disponíveis e sua relação com as propriedades do solo de Jhunjhunu Tehsil, Distrito Jhunjhunu, Rajasthan, Índia. *Indian Journal of Agricultural Science.* 3 (2) : 13-16.

Laiho, R., Penttila, T., e Laine, J. (2004). Variação das concentrações de nutrientes no solo e da densidade aparente em sítios florestais de turfeiras. *Silva Fennica*, 38 (1) : 29-41.

Lamotte, M., Bruand, A., Dabas, M., Donfack, P., Gabalda, G., Hesse, A., Humbel, FX., e Robain H. (1994). Distribution d'un horizon a forte cohésion au sein d'une couverture de sol aride du Nord-Cameroun : apport d'une prospection électrique. Comptes rendus à l'academie des sciences. *Earth Planet Science* 318 : 961-968.

Landon, JR. (1991). Booker tropical soil manual: A Handbook for Soil Survey and Agricultural Land Evaluation in the Tropics and Subtropics. *Longman Scientific and Technical, Essex*, Nova Iorque: 473-474.

Leelavathi, P., Naidu, MVS, Ramavatharam, N., e Karunsagar, G. (2009). Genetics, classification and evaluation of soils for sustainable land use planning in Yepedu Mandal of Chittoor district, Andhra Pradesh. *Jornal da Sociedade Indiana de Ciência do Solo*. 57 (2) : 109-120.

Leifeld, J., Bassin, S., e Fuhrer, J. (2005). Stocks de carbono em solos agrícolas suíços previstos pelo uso da terra, caraterísticas do solo e altitude. *Agriculture,*

Ecosystems & Environment , 105 : 255-266.

Li, W., Shao, LY., Shen, R., Wang, Z., Yang, S., e Tang, U. (2010). Tamanho, composição e estado de mistura de partículas individuais de aerossóis numa cidade costeira do Sul da China. *Journal of Environmental Science*. 22 : 561-569.

Lindsay, WL., Norvell, WA. (1978). Desenvolvimento de um teste de solo DTPA para zinco, ferro, manganês e cobre. Soil Science Society of American Journal, 42 : 421-428.

Lu, N., e Likos, WJ. (2004). Taxa de ascensão capilar no solo. *Journal Of Geotechnical And environmental Engineering*, 130: 646 - 681.

Luksanavimol, P., Limsamutchai, P., Trapying, M., Chongpraditnun, M., Tongtown, S., e Vasunan, S.(1997). Efeito do potássio, magnésio, molibdénio, manganês e fertilizante orgânico no teor de nitrato do fruto do ananás. *Procedimentos da Conferência de 1997, Divisão de Ciência do Solo,* Departamento de Agricultura, Banguecoque, Tailândia.

Lundien, JR. (1971). Análise do terreno por meios electromagnéticos. *Relatório técnico n.º 3-693, Relatório 5, U. S. Army Engineer Waterways Experiment Station*, Vicksburg, Mississippi: 32-33.

Manchikanti, S., (2009). Estudos de XRD e SEM de subgrades de solos expansivos tratados quimicamente. *Sociedade geo-técnica indiana -GEOTIDE,* 73 -76.

Manhaes, RST., Auler, LT., Sthel, M., Alexandre, J., Massunaga, MSO., Carrio, JG., dos Santos, DR., da Silva, EC., Garcia, QA., e Vargas, H. (2002). Caracterização do solo por difração de raios X, espetroscopia fotoacústica e ressonância paramagnética eletrónica. *Applied Clay* Science, 21 : 303-311.

Marco, B. (2011). Medição do teor de água do solo: A Review. *HortTechnology,* 21 (3) : 293-300.

Marinari, S., Masciandaro, G., Ceccanti, B., e Grego, S. (2000). Influência dos fertilizantes orgânicos e minerais nas propriedades biológicas e físicas do solo. *Bioresource Technology,* 72 (1) : 9-17.

Martin C., Recursos, Soluções Agrícolas PBR, (2011).

Mauritsch, HJ., Seiberl, W., Arndt, R., Romer, A., Schneiderbauer, K., e Sendlhofer, GP (2000). Geophysical investigations of large landslides in the Carnic Region of Southern Austria, *Engineering Geology,* 56 : 373- 388.

Mc Donagh, JF., Thomsen, TB., e Magid, J. (2001). Declínio da matéria orgânica do solo e alteração da composição associada à cultura de cereais no sul da Tanzânia. *Land Degradation and Development,* 12 : 13-26.

McCarter, WJ. (1984). As caraterísticas de resistividade eléctrica de argilas compactadas. *Geotecnia*, 34 : 263 - 267.

McCarter, WJ., (1984). Caraterísticas de resistividade eléctrica de argilas compactadas. *Géotechnique*, 34 (2) : 263-267.

Mengel, K., e Kirkby, EA. (1987). Princípios de nutrição vegetal. Panima Publication Corporation, Nova Deli, Bangalore, Índia: 687.

Printed by Books on Demand GmbH, Norderstedt / Germany